BEI GRIN MACHT SICH IHR WISSEN BEZAHLT

- Wir veröffentlichen Ihre Hausarbeit, Bachelor- und Masterarbeit

- Ihr eigenes eBook und Buch - weltweit in allen wichtigen Shops

- Verdienen Sie an jedem Verkauf

Jetzt bei www.GRIN.com hochladen und kostenlos publizieren

Hendrik Bergers

Wüstenbildung in der Sahelzone. Leitbilder der modernen Ursachenforschung

GRIN Verlag

Bibliografische Information der Deutschen Nationalbibliothek:

Die Deutsche Bibliothek verzeichnet diese Publikation in der Deutschen National-
bibliografie; detaillierte bibliografische Daten sind im Internet über http://dnb.d-
nb.de/ abrufbar.

Impressum:

Copyright © 2012 GRIN Verlag GmbH
Druck und Bindung: Books on Demand GmbH, Norderstedt Germany
ISBN: 978-3-656-70905-3

Dieses Buch bei GRIN:

http://www.grin.com/de/e-book/277983/wuestenbildung-in-der-sahelzone-leitbilder-
der-modernen-ursachenforschung

GRIN - Your knowledge has value

Der GRIN Verlag publiziert seit 1998 wissenschaftliche Arbeiten von Studenten, Hochschullehrern und anderen Akademikern als eBook und gedrucktes Buch. Die Verlagswebsite www.grin.com ist die ideale Plattform zur Veröffentlichung von Hausarbeiten, Abschlussarbeiten, wissenschaftlichen Aufsätzen, Dissertationen und Fachbüchern.

Besuchen Sie uns im Internet:

http://www.grin.com/

http://www.facebook.com/grincom

http://www.twitter.com/grin_com

Geographisches Institut

Einführung in das wissenschaftliche Arbeiten

SoSe 2012

Hausarbeit:

Desertifikationsforschung im Sahel: Was sind die Leitbilder der modernen

Ursachenforschung?

Inhaltsverzeichnis

1. Einleitung

Die Sahelzone bezeichnet das Gebiet südlich der Sahara, welches durch aride und semiaride Bedingungen gekennzeichnet ist. Sie ist durch eine Savannenlandschaft mit einem jährlichen Durchschnittsniederschlag zwischen 200 und 400 mm geprägt und erstreckt sich vom Sudan im Osten über die gesamte Ost-West-Achse Afrikas bis zum Senegal.[1] In den 1970er Jahren rücke die Sahelzone im Zusammenhang mit einem in (semi-) ariden Regionen weitverbreiteten Phänomen in den Fokus der Öffentlichkeit. Besonders im Sahel nahm die Desertifikation großräumige Ausmaße an. In diesem Rahmen ist die United Nations Conference of Desertification, welche 1977 in Nairobi abgehalten wurde, zu sehen. Diese widmet sich der Bekämpfung der Desertifikation und Landdegradation. Weltweit sind 250 Mio. Menschen von den Folgen der Desertifikation betroffen.[2]

Dabei ist bereits die Definition der Desertifikation weder eindeutig noch unumstritten, wie die große Anzahl der verschiedenen Ansätze zeigt. Nicholson und Tucker beschreiben das Phänomen als einen Prozess der produktionsmindernden Landdegradation, deren Ursprung auf klein-räumlicher Ebene zu finden sei.[3] Die offizielle UN-Definition hingegen orientiert sich am „biologischen Potential" eines Gebietes, bezieht sich also auf Indikatoren wie Vegetation oder das Vorkommen von Tieren. Endpunkt einer solchen Entwicklung seien wüsten-ähnliche Gegebenheiten.[4] Mortimore und Turner fügen diesen biologischen Veränderungen damit einhergehende physische Transformationen hinzu und verweisen in ihrer Definition auf die Art der Landnutzung, welche in engem Zusammenhang mit der Desertifikation stehe.[5] Nicholson und Tucker verweisen außerdem auf eine Definition, welche das Klima berücksichtigt. Desertifikation sei die Ausbreitung wüsten-ähnlicher Verhältnisse dort, wo den klimatischen Gegebenheiten nach keine Wüste zu finden sei.[6]

Ziel dieser Arbeit soll es sein, herauszuarbeiten, inwiefern sich die Desertifikationsforschung verändert hat und welches die Leitbilder und Determinanten der modernen Ursachenforschung in der Wissenschaft sind.

---

[1]Hein, L.; de Riddert, N. (2006): Desertification in the Sahel: a reinterpretation. In: Global Change Biology 12(5): S. 751-758, hier: S. 751.
[2]Okin, G.; Parsons, A.; et al. (2009): Do Changes in Connectivity Explain Desertification? In: BioScience 59(3): S. 237-244, hier S. 237.
[3]Nicolson, S. E.; Tucker, C. J. (1998): Desertification, Droght and Surface Vegetation: An Example from the West African Sahel. In: Bulletin of the American Meteorological Society 79(5): S. 815-829, hier S. 815.
[4]Nicholson und Tucker 1998: 816.
[5]Mortimore, M.; Turner, B. (2005): Does the Sahelian smallholder`s management of woodland, farm trees and rangeland support the hypothesis of human-induced desertification? In: Journal Of Arid Environments 63(3): S. 567-595, hier S. 568.
[6]Nicholson und Tucker 1998: 816.

2. Stand der aktuellen Desertifikationsforschung

Hein und de Riddert verweisen in ihrer Arbeit auf die beiden grundlegenden Positionen, welche der Debatte zugrunde liegen. Die *equilibrium*-These stellt anthropogene Effekte als Ursache für die fortschreitende Ausbreitung wüsten-ähnlicher Gegebenheiten dar. Die zunehmende Vergrößerung der Bestände an Viehherden aus ökonomischen Gründen zerstöre die Vegetation der Weidegründe und erhöhe die Anfälligkeit eines Gebietes für Krisen.[7]

Im Gegensatz dazu vertreten Anhänger der *nonequilibrium*-These die Ansicht, dass Desertifikation von zufälligen, externen Einflüssen abhänge. Diese seien in erster Linie der jährliche Durchschnittsniederschlag bzw. dessen Schwankungen. Neben- und nicht ursächlich seien also die Einflüsse menschlichen Handelns.[8]

Die Autoren verweisen darauf, dass die Landnutzung durch den Menschen das Klima beeinflusse, welches sich wiederum auf die Vegetationsbedeckung und die anthropogene Nutzung auswirke. Das Verhältnis zwischen Vegetation, Klima und menschlichen Einflüssen wird dementsprechend als ambivalent charakterisiert. In der Praxis sei dies jedoch mit Diskrepanzen verbunden, wie der Hinweis, dass das seit den 1980er Jahren belegte Ergrünen („greening") des Sahels nicht allein durch den höheren Niederschlag erklärt werden könne.

Anstelle der als unzureichend empfundenen bloßen Aufnahme der Vegetationsbedeckung plädieren die Autoren für das Parameter RUE (rain-use efficiency) als angemessenen Indikator für Desertifikation. Dieser stelle die Fähigkeit der Pflanzen, Wasser in Biomasse umzuwandeln, dar. [9] Andere Autoren hingegen verweisen darauf, dass bei diesem Indikator zwischen Niederschlag und der für die Pflanzen nutzbaren Niederschlagsmenge differenziert werden müsse. Auch jahreszeitliche Differenzen, variable Infiltrationsraten und die Nichtlinearität von Photosynthese müsse man berücksichtigen.[10] Resultat der Erhebung bei Hein und de Riddert sei, dass die Neubildung von Biomasse bei geringer Niederschlagsmenge ebenfalls gering sei. Bei einer überdurchschnittlichen Niederschlagsmenge sei der Wert in Relation ebenfalls gering, da das Pflanzenwachstum durch andere Faktoren, wie die Verfügbarkeit von Nährstoffen, beeinträchtigt sei . Es wird herausgestellt, dass die Korrelation von RUE und Niederschlag quadratisch und dementsprechend bei durchschnittlichem Niederschlag am höchsten sei.[11]

Vor dem Hintergrund der seit den 1980er Jahren steigenden Durchschnittsniederschlagsmenge wird ein steigender RUE-Wert erwartet, da sich der Niederschlag dem langfristigen

---

[7]Hein und de Riddert 2006: 751.
[8]S. 7
[9]Hein und de Riddert 2006: 752.
[10]Prince, S.; Weesels, K.; et. al. (2007): Desertification in the Sahel: a reinterpreatation of a reinterpretation. In: Global Change Biology 13(7): S. 1308-1313, hier S. 1308-1309.
[11]Hein und de Riddert 2006: 754.

Durchschnitt nähert. Dass der Wert jedoch konstant bleibt, wird von Hein und Riddert so interpretiert, dass anthropogene Einflüsse für den geringen Zuwachs an Biomasse verantwortlich sind.[12] Prince et. al. hingegen verweisen darauf, dass dies weiter räumlich differenziert werden muss, da es sowohl Gegenden mit sinkenden, konstantem und steigendem RUE-Wert gebe.[13]

Hier wird deutlich, dass es nicht nur auf der hypothetischen Ebene Divergenzen in der Desertifikationsforschung gibt, sondern die empirischen Ergebnisse auch weit auseinander gehen. Dies lässt darauf schließen, dass es in der Wissenschaft weder eine allgemeine Operationalisierung der Desertifikation noch dementsprechende Messindizien und -methoden gibt.

Die Hypothese, dass menschliche Landnutzung als Ursache für Dürren im Sahel in Frage kommt, wird von Hein und de Riddert falsifiziert.[14]

Ein völlig anderer Ansatz in der Desertifikationsforschung wird von Okin et al. verfolgt. Hier wird die gestiegene Konnektivität von Einheiten bestimmter räumlicher Ausmaße als mögliche Ursache für Landdegradation untersucht.[15]

Die von Hein und de Riddert falsifizierte These, dass eine geringere Vegetationsdichte bzw. der damit einhergehende höhere Albedo sich auf das Klima unmittelbar auswirke, wird hier aufgegriffen und weiter konzipiert. Es wird der Begriff der Länge der verbundenen Wegsysteme („LOCOP: length of connected pathways")[16] eingeführt, welcher ein Schlüssel zum Verständnis der kleinräumigen biophysischen und geomorphologischen Prozesse sei.[17]

Die Wegsysteme werden dabei als räumliche Einheiten verschiedener Größenausprägung gesehen, in denen Wasser, Bodenbestandteile oder Feuer sich schnell ausbreiten können. So erhöhe beispielsweise die Kultivierung von Grasland das LOCOP-Parameter, weil die Bedeckung des Bodens mit Vegetation abnehme. Aus diesem Grunde wird die Beweglichkeit von Wasser und Bodenpartikeln erhöht. Für eine Erhöhung des LOCOP-Wertes kommen auch andere Ereignisse in Frage, wie beispielsweise eine Intensivierung von Weidewirtschaft, welche auch eine Auflichtng der Vegetationsdecke zur Folge habe. Die Autoren beziehen sich auf einen „index of leakiness", welcher die Anfälligkeit eines Gebietes für Erosion und Landdegradation darstelle.[18]

---

[12]Hein und de Riddert 2006: 756.
[13]Prince et al. (2007): 1308.
[14]Hein und de Riddert 2006: 757.
[15]Okin et al. 2009: 237.
[16]s. 15
[17]s. 15
[18]Okin et al. 2009: 239.

Das kleinräumige Konzept der Wegsysteme als Indikator für Desertifikation wird nun im Zusammenhang mit großräumigen Phänomenen, wie dem Klima, erläutert. So werden durch einen höheren Niederschlag auch Wegsysteme größeren Ausmaßes geschaffen.[19] Im Vergleich zu den bisherigen wissenschaftlichen Positionen stellen Okin et al. heraus, dass die Vegetationsbedeckung allein im Bezug auf die äolische und fluviale Erosionanfälligkeit nicht aussagekräftig ist. Es wird das Beispiel einer Busch- und Strauchsavanne aufgeführt, deren Vegetationsbedeckung bei 44% liege. Eine Graslandsavanne hingegen habe eine Bedeckung von lediglich 33%, allerdings sei die Erosion zwei- bis achtmal so hoch, was anhand eines Niederschlagsexperiments in South-Arizona empirisch belegt sei.[20] Der hier vertretene Ansatz berücksichtigt also nicht nur bloße Quantität bei der methodischen Erfassung, sondern verweist auf die Wichtigkeit der Berücksichtigung qualitativer Merkmale hinsichtlich der Erosion.

Der Aktualitätsgehalt des hier vorgestellten Konzepts stelle die menschliche Landnutzung dar. Durch Überweidung, (Brand-) Rodung oder landwirtschaftliche Bestellung eines Gebietes werde die Länge der Pfadsysteme erhöht. Dies könne dazu führen, dass sich bestimmte Wegsysteme selbst regulieren, wie das Beispiel einer Pflanze, die durch angeschwemmtes, nährstoffreiches Wasser wächst und so den Wasserfluss bremsen kann, zeigt. Allerdings sei es auch möglich, dass Wegsysteme ab einer bestimmten Länge autonom zu Deregulierung neigen. Beispiel hierfür wäre eine Pflanze, die durch die erhöhte fluviale Erosion abgetragen werde, sodass sich ein verlängertes Pfadsystem weiter ausbreitet.[21] Okin et al. führen in ihrem Aufsatz die erhöhte Konnektivität als Ursache für Landdegradation an. Diese wiederum wird jedoch bedingt durch anthropogenes Eingreifen. Das Wegsystem-Konzept kann also keineswegs als Ursache der Desertifikation dargestellt werden, vielmehr ist es eine Methode zu geomorphologischen Erfassung und Operationalisierung von Erosion und Degradation. Im vorgestellten Modell bleibt also der Mensch Auslöser der Desertifikation.

Nicholson und Tucker stellen in ihrer Arbeit die anthropogenen Ursachen der Landdegradation detaillierter dar, als dies bei den bisherigen Ansätzen getan worden ist. So zählen zu den Ursachen der Desertifikation neben Bevölkerungswachstum, sozialen Transformationen, wie der Seßhaftwerdug indigener Bevölkerungsgruppen oder dem Durchbrechen der traditionellen Marktstruktur, auch unangemessene (technologische) Landnutzung oder Waldrodung zu den Ursachen der Landdegradation. Als Folgen werden neben der Auflichtung der Vegetation auch

---

[19]Okin et al. 2009: 240.
[20]Okin et al. 2009: 241.
[21]s. 19

6

ein Abnehmen der Artendiversität aufgezählt. So werden die stark nährstoffangewiesenen Pflanzen durch Bewuchs „geringerer Qualität" ersetzt.[22] In den weiteren Ausführungen der Konzeption wird deutlich, dass sich die Desertifikationsforschung an der Schwelle des 21. Jahrhunderts von der Annahme der 1970er, dass Desertifikation klimaunabhängig sei, abgewendet habe. Beispielsweise verweise Lamprey 1975 darauf, dass sich die Sahara laut einem Vergleich von Karten aus dem Jahre 1950 mit Karten aus den 1970ern um ca. 100 km nach Süden ausgeweitet habe. Dabei bleibe völlig unberücksichtigt, dass in dieser Zeit der Niederschlag um 50% gesunken sei. Aus diesem Grunde komme dem Klima in der modernen Desertifikationsforschung eine wesentlich bedeutendere Rolle zu als in den Anfängen.[23]

Auch auf den ursächlichen Zusammenhang zwischen Klima und Desertifikation wird Bezug genommen. Beispiele aus der Vergangenheit belegen, dass langfristige Klimatrends wie die Dürren im Sahel der 1970er und 1980er oft mit anthropogenen Einflüssen einhergehen. Dies wird von Nicholson und Tucker als „tandem of events" (Nicholson und Tucker 1998:819) bezeichnet, bei welchem sich ambivalente Effekte gegenseitig bedingen und verstärken.[24]

Die Autoren nehmen Bezug auf eine These von Charney aus dem Jahre 1975, in der Desertifikation als Auslöser für Dürren proklamiert wurde. Dies wurde mit der erhöhten Albedo begründet. Die Autoren arbeiten heraus, dass diese These auch in der modernen Forschung wenig von ihrer Aktualität verloren hat. Allerdings wird diese noch weiter differenziert, sodass schließlich die Bedeutung des „land-surface – atmosphere feedback" (Nicholson und Tucker 1998: 821) hervorgehoben wird.[25]

Als Quintessenz des Aufsatzes wird die Erkenntnis, dass die Grenze zwischen Sahel und Sahara sowie die Vegetationsdichte des Sahels in Abhängigkeit der jährlichen Niederschlagsmenge variieren. Auch sei der Einfluss menschlichen Handels im Betrachtungszeitraum sehr eingeschränkt von Bedeutung.[26]

Mortimore und Turner gehen in ihrem Aufsatz ebenfalls auf die Überbewertung des menschlichen Einflusses und die unzulässige Nichtbeachtung des Klimas als Verursacher der Desertifikation in den Anfängen der diesbezüglichen Forschung ein. Lediglich durch das Scheitern der Maßnahmen, welche auf anthropogene Einflüsse zugeschnitten seien, habe man sich von diesem Forschungsleitbild abgewandt. Die Betrachtung der Ambivalenz aller

---

[22]Nicholson und Tucker 1998: 816-818.
[23]Nicholson und Tucker 1998: 818.
[24]Nicholson und Tucker 1998: 819.
[25]Nicholson und Tucker 1998: 821.
[26]Nicholson und Tucker 1998: 827.

Indikatoren der Landdegradation, welche in diesem Zusammenhang eine schrumpfende Biomasse oder ein sinkender Grundwasserspiegel sind, wird herausgestellt. Die Diversität aller Faktoren sei zu beachten.[27]

Wie auch bereits Okin et al. weisen Mortimore und Turner darauf hin, dass im Bezug auf die Vegetationsdichte nicht nur Quantität, sondern vielmehr Qualität von enormer Bedeutung sei. So wird die Auflichtung von „forest" zu „open forest" oder „wood grassland" bis hin zu „shrub grassland" und „grassland" auch bereits als Desertifikation angesehen, obwohl dies nicht zwangsläufig eine geringere Vegetationsdichte zur Folge hat. Auch finde teilweise eine Aufwertung des Vegetationsbestandes statt.[28]

Es wird der Begriff des „land use change (LUC)"[29] eingeführt, welcher in der Regel die Rodung und anschließende Kultivierung durch den Menschen beschreibt. Diese Annahme lehnt sich mehr an den klassischen Leitbildern der Wissenschaft an.[30]

Die Ursachen der Desertifikation werden auch im Aufsatz von Geist und Lambin thematisiert. Die Autoren analysieren in ihrer Arbeit Aufsätze verschiedenster Art (132), welche sich mit den Ursachen von Landdegradation und Wüstenneubildung auseinandersetzen. Die Resultate dieser Aufsätze werden quantifiziert, um so herauszuarbeiten, welche Faktoren tatsächlich als kausal für den Sachverhalt angesehen werden können. Als Hauptfaktoren im Großteil der Arbeit werde die Kombination aus intensiver Landwirtschaft, erweiterter Infrastruktur, Rodung und ein zunehmend arides Klima aufgeführt.[31]

Die Autoren weisen darauf hin, dass ein einziger Faktor als Auslöser kaum in Frage komme, sondern vielmehr Faktorenkomplexe, welche sich gegenseitig bedingen und verstärken. Klimatischen Faktoren kommen dabei besonders im Sahel eine große Rolle zu. Es wird beispielsweise auf die Dürre zwischen 1960 und 1990 im Sudan verwiesen. Diese klimatischen Bedingungen äußeren sich besonders im Zusammenhang mit einer veränderten Landnutzung durch den Menschen. Wie auch in vorherigen Betrachtungen wird auf die Bedeutung des „feedback"[32] hingewiesen.[33]

Abschließend vertreten Geist und Lambin die These, dass weder der klimatische noch der anthropogene Ursachenkomplex bevorzugt gesehen werden sollte. Es wird der begriff eines

---

[27]Mortimore und Turner 2005: 3.
[28]Mortimore und Turner 2005: 7.
[29]Mortimore und Turner 2005: 10.
[30]s. 30
[31]Geist, H.; Lambin, E. (2004): Dynamic Casual Patterns of Desertification. In: BioScience 54(9): S. 817-829, hier S. 817-819.
[32]Geist und Lambin (2004): 821.
[33]s. 30

Pfades von Ursachen eingeführt, welcher mehr oder weniger linear zu Desertifikation führen könne. Dabei seien bei jeder erdenklichen Kombination von Desertifikationsursachen sowohl anthropogene als auch natürliche Indikatoren zu finden. Letztendlich seien die Auslöser von Wüstenbildung jedoch in ihrem Vorkommen und ihrer Verknüpfung sehr stark räumlich differenziert, weshalb die politische Intervention kritisch gesehen wird.[34]

Zum Ende des Aufsatzes soll auf einen wenig älteren Beitrag eingegangen werden, welcher jedoch trotz der teilweisen geringen zeitlichen Differenz zu den vorgestellten Aufsätzen als klassisch eingeordnet werden muss. Es wird umfassende Kritik an der Annahme, dass Desertifikation ein natürlicher Prozess sei, geäußert. Ibrahim definiert Wüstenbildung als einen „in ganz wesentlichem Maße [...] sozio-ökonomischen Prozeß"[35]. In diesem Zusammenhang wird die Landdegradation eines Gebietes auch als eine gesellschaftliche Degradation betrachtet. Der Autor fügt den physikalischen Indikatoren der Desertifikation, wie Erosion oder Vegetationsauflichtung, sozio-ökonomische hinzu. Zu diesen zählen unter anderem die Verknappung von Brennmaterialien, eine eingeschränkte Mobilität oder Landflucht.[36]

3. Fazit

Seit der großen Öffentlichkeitswahrnehmung der Desertifikation durch die UNCOD 1977 haben sich die Leitbilder der Forschung stark verändert. Besonders auffällig ist die große Diversifizierung der Ansätze, welche sich mit den Ursachen der Wüstenbildung beschäftigen. Okin beispielsweise betrachtet in diesem Zusammenhang die geomorphologischen Prozesse auf klein-räumlicher Ebene und versucht so Erosion und Landdegradation mit Makroprozessen wie dem Klima zusammenzuführen. Hein und de Riddert plädieren für die Neubildung von Biomasse in Abhängigkeit vom Niederschlag als entscheidenden Indikator für die Desertifikation und verweisen auf die Bedeutung des Klimas als Ursache. Prince und Wessels hingegen treten im wissenschaftlichen Disput mit diesen gegen eine solch deduktive und großräumige Konzeption ein und fordern eine weitere Differenzierung. Nicholson und Tucker verweisen auf die Ambivalenz von natürlichen und menschlichen Ursachen, welche durch die klimatischen Voraussetzungen eingerahmt werde. Geist und Lambin versuchen mit ihrer Meta-

---

[34]Geist und Lambin (2004): 826-828.
[35]Ibrahim, F. (1992): Gründe des Scheiterns der bisherigen Strategien zur Bekämpfung der Desertifikation in der Sahelzone. In: ders. (Hg.): Landschaftsökologische Entwicklungsstrategien für Drittweltländer als methodisches Problem. Basel (=Veröffentlichungen des 17. Basler Geomethodischen Colloquiums) 1992: S. 70-93, hier S. 72.
[36]Ibrahim 1992: 80-82.

Analyse die Bedeutsamkeit von bestimmten Ursachen (-ketten) empirisch zu belegen.

Insgesamt lässt sich festhalten, dass die moderne Desertifikationsforschung Wüstenbildung nicht mehr als einen rein anthropogenen Prozess ansieht, wie dies beispielsweise bei Ibrahim der Fall ist. Ebenfalls von Bedeutung ist die große Diversität von Definitionen der Desertifikation sowie der Operationalisierung dieser anhand von Indikatoren.

Es ist offensichtlich, dass die Desertifikationsforschung von grundlegenden Debatten sowie empirischen Uneinigkeiten geprägt ist. Das Spektrum der verschiedenen Ansätze ist sehr weit, was darauf schließen lässt, dass weiterhin intensive Ursachenforschung zur Lösung des Problems betrieben werden muss.

4. Literaturhinweise

1. **Geist, H.; Lambin, E. (2004)**: Dynamic Casual Patterns of Desertification. In: BioScience 54(9): S. 817-829, hier S. 817-819.

2. **Hein, L.; de Riddert, N. (2006)**: Desertification in the Sahel: a reinterpretation. In: Global Change Biology 12(5): S. 751-758, hier: S. 751

3. **Ibrahim, F. (1992)**: Gründe des Scheiterns der bisherigen Strategien zur Bekämpfung der Desertifikation in der Sahelzone. In: ders. (Hg.): Landschaftsökologische Entwicklungsstrategien für Drittweltländer als methodisches Problem. Basel (=Veröffentlichungen des 17. Basler Geomethodischen Colloquiums) 1992: S. 70-93, hier S. 72.

4. **Mortimore, M.; Turner, B. (2005)**: Does the Sahelian smallholder`s management of woodland, farm trees and rangeland support the hypothesis of human-induced desertification? In: Journal Of Arid Environments 63(3): S. 567-595, hier S. 568.

5. **Nicolson, S. E.; Tucker, C. J. (1998)**: Desertification, Droght and Surface Vegetation: An Example from the West African Sahel. In: Bulletin of the American Meteorological Society 79(5): S. 815-829, hier S. 815.

6. **Okin, G.; Parsons, A.; et al. (2009)**: Do Changes in Connectivity Explain Desertification? In: BioScience 59(3): S. 237-244, hier S. 237.

7. **Prince, S.; Weesels, K.; et. al. (2007)**: Desertification in the Sahel: a reinterpreatation of a reinterpretation. In: Global Change Biology 13(7): S. 1308-1313, hier S. 1308-1309.